LE PAIN A BON MARCHÉ

MEUNERIES-BOULANGERIES

NÉCESSITÉ DE LEUR CRÉATION

PAR

E. BARRABÉ

ANCIEN JUGE AU TRIBUNAL DE COMMERCE
ANCIEN MEMBRE DE LA CHAMBRE DE COMMERCE DE RENNES
FONDATEUR (EN 1864) DE LA MANUTENTION CIVILE
(MEUNERIE-BOULANGERIE)

La concentration dans un même établissement des deux industries de Meunerie et de Boulangerie, en vue de produire le pain à bon marché, résout la question économique au plus haut degré, en rapprochant le consommateur aussi près que possible du producteur des blés, supprimant ainsi tous les intermédiaires inutiles et coûteux, de quelque nature qu'ils soient.

PARIS

E. PLON & Cie
ÉDITEURS
10, RUE GARANCIÈRE

GUILLAUMIN & Cie
ÉDITEURS
RUE RICHELIEU, 14

1876

LE PAIN A BON MARCHÉ

MEUNERIES-BOULANGERIES

PARIS. TYPOGRAPHIE DE E. PLON ET Cie
8, rue Garancière.

LE PAIN A BON MARCHÉ

MEUNERIES-BOULANGERIES

NÉCESSITÉ DE LEUR CRÉATION

PAR

E. BARRABÉ

ANCIEN JUGE AU TRIBUNAL DE COMMERCE
ANCIEN MEMBRE DE LA CHAMBRE DE COMMERCE DE RENNES
FONDATEUR (EN 1864) DE LA MANUTENTION CIVILE
(MEUNERIE-BOULANGERIE)

La concentration dans un même établissement des deux industries de Meunerie et de Boulangerie, en vue de produire le pain à bon marché, résout la question économique au plus haut degré, en rapprochant le consommateur aussi près que possible du producteur des blés, supprimant ainsi tous les intermédiaires inutiles et coûteux, de quelque nature qu'ils soient.

PARIS

E. PLON & Cie
ÉDITEURS
10, RUE GARANCIÈRE

GUILLAUMIN & Cie
ÉDITEURS
RUE RICHELIEU, 14

1876

LE PAIN A BON MARCHÉ

MEUNERIES-BOULANGERIES

NÉCESSITÉ DE LEUR CRÉATION

I

Lorsque tout a progressé autour de nous, lorsque les améliorations dans les moyens de fabrication se sont étendues à des milliers d'industries qui intéressent plus ou moins directement nos besoins, *dans le but unique d'arriver au bon marché,* n'est-il pas inexplicable que, *seule,* l'industrie qui a pour mission de satisfaire au plus impérieux et au plus indispensable de ces besoins de chaque jour, *la fabrication du pain,* soit restée en arrière de ce mouvement général de progrès, alors qu'elle devait les précéder toutes à cause même de la nature de sa production?

Toutefois, quand on réfléchit à ce fait si anormal, on ne tarde pas à en découvrir la cause, en constatant que cette industrie est la seule qui ait vécu aussi longtemps (1) sous l'empire de la protection la plus réglementée qui puisse être imposée par une loi.

Non-seulement cette loi, qui date de 1791, intervenait pour fixer le prix du pain, mais encore elle déterminait, dans chaque localité, le nombre des industriels qui devaient le produire (2).

Qu'en devait-il résulter? C'est que le boulanger, dont la condition commerciale et industrielle était ainsi réglementée, à l'abri de toute concurrence qui aurait pu le stimuler, finit par accepter cette existence tranquille, et borna tous les efforts de son intelligence à harmoniser la satisfaction de ses besoins et ceux de sa famille avec les profits qu'on lui permettait de retirer de son travail. Il résulta de là que ce producteur, placé à la tête d'une industrie qui intéresse tout le monde, devait la tenir, en même temps que lui, isolée du courant qui, depuis 1791, a entraîné toutes les autres vers le progrès.

On peut donc rejeter, sans crainte de se tromper, sur la loi de 1791 le fait anormal que nous signalons plus haut, et la rendre responsable de ses conséquences, au point de vue de l'intérêt public.

---

(1) Le décret qui a donné la liberté à la boulangerie est du 22 juin 1863.

(2) Pour ouvrir un nouveau four, il fallait y être autorisé.

Cette loi avait paralysé la boulangerie, en lui enlevant toute liberté d'action. En chargeant les municipalités d'appliquer les principes de la réglementation qu'elle renfermait, sans leur laisser la faculté bien définie de les modifier suivant les circonstances, elle devait avoir d'autres conséquences plus graves encore.

Quand, en effet, on envisage quelle a été, depuis 1791, la progression des frais supportés par la boulangerie et que, malgré leur énorme augmentation, les municipalités ne devaient en tenir aucun compte pour fixer le prix du pain, il est facile de mesurer à quel état précaire cette industrie devait être arrivée.

Aussi, lorsqu'en 1863 on lui donna la liberté, au lieu de trouver en elle les conditions nécessaires à ce nouveau régime, un personnel ayant conscience des nouvelles obligations qui en résultaient pour lui, et des moyens à employer pour y répondre, on rencontra généralement une industrie divisée, besoigneuse, d'une constitution tellement affaiblie par le régime qu'elle venait de supporter, qu'elle ne vit dans le changement qui venait d'y être apporté qu'une occasion de modifier à son profit les bases qui avaient jusque-là servi à établir le prix du pain.

On avait compté sur la *baisse* en rendant la boulangerie libre ; elle fit la *hausse*. Telle fut la conséquence de cette loi de 1791, et du régime de protection qu'elle avait imposé à cette industrie.

La liberté, comprise ainsi par le boulanger, n'eût produit qu'un résultat presque légitime, s'il n'en avait usé que pour rétablir l'équilibre depuis longtemps rompu entre les frais de fabrication qui lui étaient alloués par la loi de 1791, et ceux qu'il avait en 1863.

Il n'en fut pas ainsi.

Libre d'améliorer son sort, il se le fit le meilleur possible, en augmentant le prix du pain avec plus d'empressement que de mesure ; aussi, la profession de boulanger, jusque-là peu lucrative, et par conséquent peu enviée, attira bientôt l'attention par les profits qu'elle s'attribua ; on vit bientôt se multiplier le nombre des boulangeries ; mais, contrairement aux prévisions accréditées, que plus ce nombre serait grand, moins le pain serait cher, la création de ces nouvelles boulangeries devait fatalement produire la hausse croissante des frais de fabrication, et par conséquent la hausse continue du prix du pain.

L'industrie de la boulangerie s'exerce, en effet, dans une condition tout exceptionnelle, par rapport aux autres, dont les produits peuvent s'expédier ou se garder en magasin, et par conséquent être fabriqués au delà des besoins d'une consommation locale ; le pain doit être vendu promptement, dans un rayon très-circonscrit, et comme sa vente est limitée à un nombre de consommateurs déterminé qui n'en achètent, quel que soit son prix, que la quantité nécessaire aux besoins de chaque jour, sa production doit être maintenue en rapport constant et journalier avec le nombre des consommateurs.

De là, production *limitée* à un nombre de consommateurs *forcément limité*.

Or, en créant de nouvelles boulangeries, sans pouvoir créer en même temps de nouveaux consommateurs, il arriva que chacune produisit moins de pain, sans pouvoir diminuer ses frais dans le même rapport : de là, perte pour le boulanger; mais comme il était maître d'échapper à cette conséquence, en élevant le prix de son pain, en raison directe de l'abaissement de sa production, il n'y manqua pas, et finalement le *consommateur seul* se trouva chargé de la supporter.

Quand ces causes d'augmentation successives peuvent se prolonger et s'étendre dans leurs effets, n'est-il pas à craindre que la liberté donnée à la boulangerie n'amène fatalement la hausse continue du pain, s'il n'y est apporté un empêchement efficace?

Cette question est assez grave pour fixer l'attention de tous, et particulièrement de ceux qui, par leur position, ont la mission de s'occuper des intérêts des populations.

Partout on commence à comprendre qu'en présence de la cherté croissante de tout ce qui touche à l'alimentation publique, le pain mérite plus particulièrement l'attention.

Des ingénieurs, des savants, des praticiens, surtout aux époques où, par suite de récoltes insuffisantes, le pain atteint forcément un prix élevé, se sont vivement préoccupés de sa production à bon marché ; leurs efforts, leurs préoccupations indiquent bien qu'ils ont conscience de la gravité du mal ; mais, aussitôt que les circonstances changent, et que le prix, avec une récolte plus abondante, devient relativement bon marché, on cesse de s'en occuper, jusqu'au jour où cette question, par suite d'une autre récolte insuffisante, vient s'imposer de nouveau.

On oublie ce précepte très-sage : *que c'est pendant l'abondance qu'il faut préparer les moyens efficaces de traverser les périodes de cherté, qui se produisent, en France, presque fatalement, tous les cinq ans.*

Revenir à la réglementation a été jusqu'à ce jour le remède le plus généralement appliqué pour combattre les exagérations ; aussi la taxe officielle a-t-elle été rétablie dans un certain nombre de villes et communes.

Sans aucun doute, on ne saurait blâmer les municipalités qui, dans l'intérêt de leurs administrés, ont eu recours à ce moyen. L'abus existant, il fallait y porter remède, et, en présence d'un fait intéressant aussi directement l'administration, celle-ci devait employer les moyens les plus immédiatement à sa portée pour combattre le mal.

Mais de là à conclure que ce moyen est le plus efficace, ce serait aller contre ce qui a été prouvé ailleurs, au profit des consommateurs d'abord, et ensuite pour la plus grande utilité des municipalités qui ont été exonérées du soin de taxer le prix du pain, et surtout de la responsabilité qu'on leur attribuait de le faire monter, quand elles ne faisaient, pour le fixer, qu'appliquer les conséquences de la hausse des blés ou des farines.

Conclure contre la liberté donnée à l'industrie de la boulangerie par le décret de 1863, parce que, dans la généralité des villes et communes de France, la hausse du pain en paraissait être la conséquence, ne serait pas plus vrai, car sur quelques points cette même liberté, mieux comprise, détermina une concurrence plus rationnelle et surtout plus efficace, qui produisit des effets tout contraires.

Dans un certain nombre de villes, des sociétés se constituèrent pour monter des boulangeries, et s'inspirant des véritables principes économiques qui enseignent que, pour produire à bon marché, il faut répartir les frais sur la plus grande production possible, elles groupèrent le plus grand nombre de consommateurs autour de leurs établissements, et vendirent bon marché, quand les boulangeries ordinaires, par leur multiplicité croissante, ne pouvaient produire qu'à des prix de plus en plus élevés.

Si ces boulangeries par association, en arrêtant la hausse croissante du pain, ont déjà produit un salutaire effet, étaient-elles dans les conditions de le produire avec toute l'économie possible?

A cette question, nous répondrons, avec l'autorité de faits acquis et sanctionnés par une longue expérience, que ces associations, limitées à la boulangerie, ne pourront atteindre le résultat cherché, c'est-à-dire économie de frais de fabrication et qualité supérieure du pain, *qu'en se combinant avec la meunerie, pour fabriquer elles-mêmes les farines qu'elles transforment en pain.*

La concentration dans un seul et même établissement des deux industries, de meunerie et de boulangerie, résout en effet la question économique au plus haut degré, car elle a comme résultat de rapprocher le consommateur du pain aussi près que possible du producteur du blé, en supprimant ainsi des transports onéreux et tous les intermédiaires inutiles et coûteux, de quelque nature qu'ils soient.

Des établissements de meuneries-boulangeries, placés sous une direction unique, agissant avec un seul et même capital, pouvant profiter de tous les progrès de la science en utilisant dans leur organisation industrielle les moyens les plus perfectionnés, résoudront seuls, dans l'expression la plus absolue, la production à bon marché. Dans ces conditions, l'avenir leur appartient, et l'on doit supposer que les boulangeries par association devront faire les plus grands efforts pour entrer dans cette voie, où le succès les suivra en même temps que la confiance des capitaux dont elles pourraient avoir besoin pour compléter leur organisation.

Les meuneries-boulangeries, partout où elles sont fondées, rendent des services tellement sérieux aux populations, qu'elles ne peuvent tarder à fixer définitivement l'attention générale, et il n'est pas téméraire de penser que dans un temps peu éloigné, après une preuve nouvelle, on verra se produire en France ce qui existe déjà en Hollande, où, dans chaque ville un peu importante, il s'est formé au moins une société pour fonder des meuneries-boulangeries.

La première de ces sociétés (*la Cérès*) fut fondée à Amsterdam en 1857, et en 1870 elle est arrivée à fabriquer près de six millions de kilogrammes de pain (5,712,250 kil.).

Aujourd'hui les actions de toutes ces sociétés sont des plus recherchées et très-bien cotées à la Bourse. A une récente vente de fonds publics à Amsterdam, les actions de la *Cérès* ont produit 153 pour 100.

Le crédit qui s'est attaché à ces sociétés s'explique tout à la fois par les conditions heureuses qui sont à leur base, où l'on rencontre très-souvent le consommateur des produits et l'actionnaire se confondant en la même personne, et parce qu'en même temps les services qu'elles rendent en font un objet de respect pour les populations et de sécurité pour le capital.

Quand, en France, le mal que nous venons de signaler est si grand et si général, et que ce mal, s'il n'y est apporté remède, ne peut que s'aggraver encore, ne doit-on pas supposer qu'enfin on s'en occupera, et qu'à l'exemple de la Hollande, on finira par créer des meuneries-boulangeries dans le but de le conjurer?

Que ces établissements aient à leur base un ou plusieurs industriels, ou qu'ils se fondent par actions comme en Hollande, il y a urgence à entrer dans cette voie, qui devra avoir comme conséquence la baisse du prix de la denrée alimentaire la plus nécessaire au plus grand nombre, à la généralité.

II

La nécessité de ces créations étant démontrée, leur réalisation est-elle possible? A quelles conditions?

On comprend à première vue la nécessité d'un capital relativement considérable, puisqu'il doit servir à édifier des usines complètes, renfermant les organes de travail propres aux deux industries combinées : dès lors on doit comprendre aussi que, pour couvrir les dépenses afférentes à ce capital, il est indispensable que le nombre des consommateurs de leur produit soit en rapport avec les frais à couvrir, et que ces frais, pour être justifiés, soient dans une proportion qui améliore, au profit du consommateur, l'état actuel des deux industries opérant séparément.

Il y a donc une corrélation intime entre l'obligation de grouper le plus grand nombre de consommateurs et celle d'avoir le capital nécessaire pour créer les établissements de meuneries-boulangeries. Ces conditions remplies, le problème du pain à bon marché est résolu mathématiquement, car les avantages économiques de la production, qui résultent de la combinaison des deux industries, se démontrent avec la plus saisissable évidence.

La nécessité de grouper le plus grand nombre de consommateurs autour des meuneries-boulangeries indique aussi qu'elles doivent être posées au milieu d'agglomérations de population, dans les villes, et plus particulièrement encore dans les quartiers de ces villes où l'on doit rencontrer le consommateur, celui qui compte avec le prix du pain dont il fait souvent la base de sa nourriture. C'est à celui-là que nous nous intéressons, c'est pour lui que nous nous sommes préoccupé depuis longtemps de rechercher les moyens de produire, à bon marché, un beau et bon pain, nutritif et hygiénique; et nous disons, avec l'assurance que nous avons puisée dans les faits auxquels nous avons pris une part active et directe depuis plus de dix ans, que le nombre des consommateurs nécessaires au bon fonctionnement de ces nouvelles créations ne fera pas défaut, si le programme qui est à leur base est bien appliqué. Pourquoi en serait-il autrement, puisque les intérêts du producteur sont étroitement liés à celui des consommateurs? Si celui-là fait de beau et bon pain et qu'il le vende bon marché, pourquoi celui-ci lui ferait-il défaut? Le penser serait contraire à la logique et à la force des choses, et nous nous servons de cet argument avec d'autant plus de conviction d'être dans la réalité des faits, que nous en avons l'expérience personnelle.

Quand, comme nous, on a eu si souvent l'occasion de constater les efforts qui ont été tentés dans un grand nombre de villes, pour échapper à la conséquence de la liberté laissée à la boulangerie de vendre son pain sans contrôle, liberté qui n'a produit que la hausse du prix, sans améliorer la qualité, n'y a-t-il pas lieu d'affirmer que chacun sera prêt à seconder toute entreprise qui lui apportera la certitude qu'aucun ne pourra vendre, à aussi bon marché, un pain d'aussi bonne qualité?

Nous croyons pouvoir nous servir de ces considérations très-sérieuses pour compter sur le nombre de consommateurs nécessaires au succès des meuneries-boulangeries.

Quant au capital indispensable, si nous pouvions personnellement nous mettre en rapport avec les détenteurs de ce capital, nous aurions l'espoir de les convaincre facilement que le placement le plus avantageux, le plus sûr et le plus honorable qu'ils puissent faire, est celui qui leur procurerait cette satisfaction d'avoir créé des établissements utiles à tous et d'avoir, par conséquent, et par surcroît, fait une bonne affaire.

Nous démontrerions sans peine à ce capital, dont la timidité s'explique, qu'aucune industrie ou entreprise ne peut lui donner les mêmes garanties.

Quel est le produit qui soit plus à l'abri des vicissitudes de toutes sortes? Quelle que soit la situation générale des affaires, il faudra toujours le pain quotidien de chacun; et nous savons par expérience que plus le pays souffre dans les sources mêmes de sa prospérité, soit par le défaut de travail, résultant de crises industrielles et commerciales, soit par les récoltes insuffisantes en céréales, plus la consommation du pain augmente; et il doit en être ainsi, car, relativement au prix des denrées alimentaires, c'est encore cette nourriture qui se vend le meilleur marché.

Quand, d'un autre côté, le capital sera représenté dans sa presque totalité par l'immeuble et l'outillage nécessaires à l'industrie, nous pensons que le détenteur, en envisageant bien ces heureuses conditions, arrivera vite à comprendre qu'aucun placement ne peut être mieux assuré.

Si nous pouvions exposer à chacun d'eux quels intérêts on peut retirer du capital en le mêlant à cette industrie, tout en lui conservant son caractère respectable, de rester utile à tous, nous ne doutons pas de leur empressement à seconder leur création, partout et bientôt.

Si enfin nous étions appelé à donner un avis ou à exprimer une préférence sur la meilleure constitution d'une Société nécessaire à la création de ces établissements, nous conseillerions la forme de sociétés dont chaque membre pourrait être tout à la fois un actionnaire et un consommateur. L'association des petits capitaux, dans le but légitime de se procurer du pain à bon marché, serait fertile en exemples à suivre dans l'intérêt de la paix sociale, en enlevant à l'individu tout prétexte de récrimination contre celui qui est parfois forcé de lui vendre cher son pain quotidien, et, aux partis, l'arme la plus perfide, employée trop souvent pour troubler l'ordre public.

Ce moyen serait, par ailleurs, incontestablement le plus efficace et le plus rationnel pour arriver sûrement au but, puisque le consommateur aurait un intérêt direct à seconder de tout son pouvoir l'industrie dont il partagerait les profits, comme actionnaire. Elle aurait, en outre, cet autre avantage de réunir un nombre de consommateurs suffisant pour assurer immédiatement la marche de l'établissement et par conséquent la production du pain à bon marché.

Mais nous ne nous arrêtons pas à une formule unique de mise en pratique, et nous disons : *Une réforme utile à tous est prête à surgir, le résultat de cette réforme est un bienfait public; employons, sans plus attendre, les moyens à notre portée pour la réaliser*. Pour nous, c'est la création des meuneries-boulangeries avec le concours du capital.

Nous pouvons parler de cette importante combinaison avec d'autant plus d'autorité, que nous l'avons mise en pratique en 1864, à Rennes, où sa valeur sérieuse au point de vue économique n'est plus contestée aujourd'hui. Depuis cette époque, nous avons fait tous nos efforts pour la généraliser, en appelant l'attention, par tous les moyens en notre pouvoir, sur cette réforme, qui seule peut arrêter la hausse croissante des frais de fabrication du pain.

Mais, dira-t-on, comment se fait-il qu'une vérité aussi parfaitement démontrée, puisqu'elle est basée sur une longue expérimentation; aussi palpable, puisqu'il suffit, pour l'apprécier à sa valeur, d'acheter du pain et de le goûter; comment se fait-il que cette démonstration, si précieuse pour l'intérêt des classes les plus nombreuses, n'ait pas encore franchi les limites d'un rayonnement très-circonscrit, et qu'en

France, pays de progrès par excellence, on l'ait à peine entrevue?

Nous pourrions expliquer ce fait qui semble étrange assez facilement, et en déterminer exactement les causes, mais cet examen nous entraînerait hors du cadre que nous nous sommes imposé; nous préférons nous accuser d'avoir eu une opinion exagérée de la force expansive de l'exemple, et nous contenter d'avoir été suivi, dans la voie ouverte en 1864, par un nombre suffisant d'imitateurs, pour nous permettre au moins de tirer un argument qui confirmera la valeur en principe des *meuneries-boulangeries*, leur vitalité, et de dire avec certitude que leur généralisation en France n'est plus aujourd'hui qu'une question de temps.

Pour la résoudre dans le plus bref délai possible, et il faut marcher vite lorsqu'il s'agit de l'intérêt général, nous croyons que la ville de Paris doit être choisie pour faire la démonstration, et nous sommes convaincu que si nous l'y avions faite avec le même succès que nous avons obtenu à Rennes en 1864, cette réforme économique serait comprise aujourd'hui.

Paris n'est-il pas le foyer privilégié où s'élaborent toutes les idées nouvelles, le terrain bien préparé où réussissent tous les progrès, quand ils sont sérieux? Pénétré de cette vérité qui s'est imposée, nous nous sommes décidé à demander à cette ville la consécration du progrès économique que nous avons expérimenté, et le relief qu'elle seule peut lui donner, persuadé que le succès et l'extension des meuneries-boulangeries en seront plus certains et plus rapides.

Nous y viendrons avec une confiance d'autant plus grande que déjà le concours des personnalités les plus honorables nous est assuré pour nous aider dans notre œuvre, qui sera le point de départ d'une réforme aussi considérable qu'elle est utile et indispensable.

Une autre considération, et qui n'est pas la moins importante, nous indiquait encore Paris comme le terrain de cette entreprise, car où trouver ailleurs les capitaux et les autres éléments favorables à ses débuts et nécessaires à son développement ?

Cette grande ville, aux instincts si généreux et en même temps si intelligente, n'est-elle pas constamment disposée à prendre part à toute œuvre utile à tous, à la condition, cependant, que les promoteurs aient compris que pour en assurer le succès et la perpétuité, il est indispensable d'appeler toutes les forces et toutes les bonnes volontés à y concourir en les y intéressant?

C'est sur ce concours intelligent que nous avons compté, et d'autant plus sûrement, que notre œuvre philanthropique par le but donnera satisfaction légitime aux capitaux qui auront contribué à sa création.

III

En venant à Paris organiser l'industrie de la meunerie-boulangerie, nous avons conscience de la tâche que nous avons entreprise, des difficultés et des luttes sérieuses qui nous y attendent.

D'autres, avant nous, sont venus se heurter à l'organisation actuelle de l'industrie qui transforme à Paris le blé en pain, sans avoir démontré qu'ils pouvaient faire mieux, dans l'intérêt de tous, et se sont retirés de la lutte en laissant croire qu'il n'y avait rien à faire dans cette voie, que tout y était pour le mieux dans l'état actuel des choses.

L'expérience du passé serait donc de nature à nous imposer la plus grande réserve et à nous conseiller l'abstention, et pourtant nous n'hésiterons pas à aborder le terrain de la lutte avec l'espoir d'y renouveler la démonstration que nous avons déjà faite ailleurs.

Nous puisons l'assurance qui nous anime dans des considérations de diverse nature dont la première et la principale est surtout *l'opportunité;* et nous disons que ce qui était moins possible il y a douze ans, au lendemain du décret du 22 juin 1863, est devenu non-seulement très-possible aujourd'hui, mais d'une certitude de succès si facile à démontrer que nous espérons faire partager notre conviction à cet égard au plus grand nombre.

Avant 1863, le nombre des boulangers était limité et déterminé en raison de la population.

A Paris, ces industriels étaient classés par catégories et assujettis à des règlements qui leur imposaient diverses obligations, variant en raison de la classe à laquelle ils appartenaient. Particulièrement, ils étaient tenus d'avoir des approvisionnements de farines équivalant à trois mois de leur consommation.

Par ce régime, on se proposait de sauvegarder les intérêts du boulanger et celui des consommateurs, en allouant un prix de cuisson qui, ajouté au prix des farines, servait de base à ce qu'on appelait la taxe du pain.

Quand le décret du 22 juin 1863 plaça cette industrie, comme toutes les autres, sous l'empire du droit commun et de la libre concurrence, en lui donnant la liberté, la boulangerie, par les raisons que nous avons déjà déduites au commencement de cet opuscule, ne comprit pas le rôle qui lui incombait avec la liberté. Au lieu de chercher dans l'intensité de la production du pain et dans l'amélioration de son matériel de fabrication le moyen de produire plus économiquement, et de faire la baisse que chacun attendait du régime de liberté qu'on venait de lui accorder, elle se livra au courant contraire, sans se préoccuper davantage des conséquences fatales qui s'accusent aujourd'hui par ce fait, qu'en vendant *son produit grevé de frais de fabrication doublés depuis* **1863**, *sa situation est loin de s'être améliorée.*

Au lieu de se concentrer dans leur action, de se grouper, comme l'avis leur en était donné par des praticiens et des économistes distingués (1), qui leur conseillèrent de fabriquer leurs farines en s'associant dans ce but, ils aimèrent mieux faire l'augmentation du prix du pain; c'était plus facile. Mais ce moyen devait produire les faits qui nous font dire qu'aujourd'hui il y a une opportune nécessité à faire ce que les boulangers de 1863 ne comprirent pas, c'est-à-dire *constituer la meunerie-boulangerie à Paris.*

Que se passsa-t-il encore après le décret du 22 juin 1863? Les boulangers, libres de vendre à leur volonté et sans contrôle, se firent la part belle, et bientôt on vit se multiplier le nombre des boulangeries, par cette raison qu'on y réalisait des profits toujours certains.

Des industriels d'un nouveau genre apparurent bientôt pour seconder, exciter et exploiter ce mouvement, en créant des boulangeries qu'ils revendaient ensuite à des titulaires boulangers, aussitôt qu'ils avaient démontré que le fonds avait acquis une certaine consistance; et, il faut le reconnaître, leur inter-

---

(1) Sous le titre : *le Pain meilleur et à meilleur marché*, M. J. P. Machet, ancien meunier et boulanger, publia en 1862 un ouvrage très-sérieux sur la meunerie-boulangerie, qui indiquait la voie à suivre par le boulanger.

vention fut si intelligente et si active qu'au bout de quelques années ils avaient créé et vendu près de 600 boulangeries nouvelles dans Paris.

En effet, il résulte de documents authentiques que la population de Paris était alimentée, en 1863, par 907 boulangeries, et qu'aujourd'hui leur nombre s'est élevé à 1,464, soit 557 de plus, sans que le nombre des consommateurs du pain ait pu notablement changer.

De plus, 642 dépôts, qui n'existaient pas avant 1863, ont été ouverts depuis pour la vente du pain.

L'indication seule de ces chiffres n'amène-t-elle pas tout de suite à l'esprit la pensée que la boulangerie ainsi constituée doit nécessairement vendre plus cher sans réaliser plus de profit, en raison de l'élévation des frais généraux qui se sont accrus en même temps que le nombre des boulangeries?

C'est, en effet, la vérité qui va ressortir de l'examen auquel nous allons nous livrer en étudiant l'organisation et le fonctionnement de la boulangerie de Paris et de la meunerie qui l'approvisionne de farines.

Nous faisons intervenir ici la meunerie, parce qu'elle a, suivant nous, sa part de responsabilité dans la situation précaire de la boulangerie et qu'elle a puissamment contribué à la hausse du pain.

Nous croyons qu'il nous suffira de démontrer la mauvaise situation actuelle de ces deux industries pour faire la preuve de l'*opportunité*, et par conséquent de la chance de succès qu'on peut avoir en venant aujourd'hui tenter la lutte à Paris.

IV

LA BOULANGERIE DE PARIS

Nous venons de dire qu'avant le décret de 1863 la boulangerie vivait sous l'empire de la protection, et que le prix du pain était taxé suivant les prescriptions d'une loi qui datait de 1791 ; nous venons de dire aussi que le nombre des boulangeries à Paris était de 907, et que depuis 1863 le nombre s'en était accru de 557, plus 642 dépôts pour la vente.

Voyons quels étaient les frais généraux d'une boulangerie avant 1863, et quels sont ses frais généraux actuels.

Des renseignements que nous avons pris aux sources les plus sûres et les plus honorables, il résulte que la somme moyenne des *frais généraux fixes* peut être évaluée à la somme de 11,000 francs par an.

Ce chiffre se décomposerait ainsi :

1° Intérêt du capital engagé dans l'achat du fonds de commerce et dans le fonds de roulement. . . . . 1,000 fr.

2° Location de l'établissement, se composant : du magasin de vente, du fournil et dépendances, et du logement

A reporter. . . . . . 1,000 fr.

Report.	1,000 fr.
de la famille.	3,500
3° Patente, impôts divers, assurances.	500
4° Chauffage et éclairage.	500
5° Nourriture, entretien d'une famille composée de quatre personnes.	4,000
6° Une domestique : nourriture et gages.	1,000
7° Menus frais imprévus, pertes. . .	500
Total.	11,000 fr.

Si l'on divise cette somme par 360 jours, on trouve que chaque boulangerie est grevée en moyenne de la somme de 30 francs par jour de frais généraux fixes.

Nous appelons *frais généraux fixes* ceux qui sont indépendants de la quantité plus ou moins grande du produit fabriqué, et *frais de fabrication* ceux qui sont dépendants de la plus ou moins grande production et qui varient avec elle, tels que les salaires d'ouvriers, les combustibles, les transports des produits, l'entretien des ustensiles de travail. (Nous reviendrons sur ces frais un peu plus loin.)

Dans l'annuaire de l'année 1875, *publié par la chambre syndicale des ouvriers de Paris*, nous trouvons (page 63) un renseignement statistique sur l'année 1862, qui indique que la consommation de Paris était de 701,433 kilogrammes de pain par jour.

Nous emparant de ce renseignement qui, pour nous, a le très-grand mérite d'être placé à la veille du décret de 1863, nous disons que si, à cette date, le nombre des boulangeries était de 907, en divisant 701,433 kilogrammes par 907, on aura la quantité moyenne de pain produite par chacune.

De cette opération, il ressort que cette moyenne était alors de 775 kilogrammes, ou environ quatre sacs pour chaque boulangerie ; or, comme nous avons démontré que les frais généraux fixes s'élevaient à 30 francs par jour, en divisant cette somme et en la répartissant sur les 775 kilogrammes de pain, on trouve que chaque kilogramme de pain était grevé, en 1862, de (0 fr. 038) 3 centimes 8 millièmes; avant le décret de 1863, la somme des *frais généraux fixes* figurait donc dans le prix de cuisson accordé au boulanger pour frais et bénéfices pour près de 4 centimes par kilogramme de pain.

Déjà à cette époque, ainsi que nous le verrons plus loin, la boulangerie se plaignait de l'insuffisance de la prime de cuisson, et elle succombait sous le poids des frais qui grevaient chaque kilogramme de pain de (0 fr. 038) 3 centimes 8 millièmes (1), tandis que, dans les mêmes conditions, la meunerie-boulangerie aurait pu réaliser des profits. Qui pourrait douter du succès de cette dernière, quand aujourd'hui les frais à prélever sur chaque kilogramme de pain se sont élevés à près de 8 centimes, grâce aux 557 boulangeries et aux 642 dépôts qui, depuis 1863, sont venus grever la production des 701,433 kilogrammes de pain

---

(1) Voir la fin de cette brochure, annexe *B*.

nécessaires à l'alimentation journalière de Paris?

En effet, si, au lieu de partager la quantité de 701,433 kilogrammes entre 907, il faut la diviser entre 1,464, on trouve, au lieu de 775 kilogrammes pour chaque boulangerie, une quantité réduite à 480 kilogrammes, ou environ deux sacs et demi, qui cependant devront supporter la répartition des frais généraux fixes que nous avons évalués à 30 francs par jour, et comme il convient d'ajouter à ces 30 francs la dépense afférente à chacun des dépôts de vente que nous évaluons à 7 francs par jour (1), on aura la somme de 37 francs à répartir sur 480 kilogrammes.

Or, en répartissant ces 37 francs sur 480 kilogrammes, on trouve que chaque kilogramme de pain doit supporter (0 fr. 077) 7 centimes 7 millièmes de frais, au lieu de 3 centimes 8 millièmes comme en 1862.

Mais à ces frais il faut ajouter la somme *des frais de fabrication* que nous n'avons fait qu'indiquer plus haut, et qui, nous en sommes certain, s'élèvent à près de 20 francs par jour et se décomposent comme suit :

---

(1) En ajoutant 7 fr. par jour pour représenter la somme des frais généraux fixes nécessités par la création des 642 dépôts, nous ne croyons pas avoir exagéré. Nous avons supposé pour chaque magasin de vente un loyer de 1,200 fr. et une somme de 1,320 fr. pour couvrir les autres frais, tels que : personnel, impôts, éclairage, chauffage et transport de pain au dépôt; en totalité 2,520 fr. qui, divisés en 360 jours, donnent la somme de 7 fr. par jour.

Un ouvrier brigadier.	6f 50
Un aide.	5 50
2 kilogrammes de pain, redevance aux deux ouvriers.	» 75
Vin blanc, redevance aux deux ouvriers.	» 50
Combustible, bois pour 4 fournées à 1 fr. 50 l'une, ci. . . . . . . 6 fr.	
A déduire pour la braise. 4	
Reste. . . . . . 2 fr., ci. . .	2 » »
Port en ville de 150 kilogrammes, pain à 2 centimes.	3 » »
Éclairage, blanchissage, entretien des ustensiles et divers imprévus.	1 25
Total des frais de fabrication par jour. . .	19f 50

à répartir sur la production de 480 kilogrammes de pain.

Or, en ajoutant cette somme de 19 fr. 50 aux 37 francs que nous avons déjà expliqués, on trouve une somme totale de 56 fr. 50 grevant la production moyenne des boulangeries de Paris qui est de 480 kilogrammes, ou la somme de 11 centimes et demi par kilogramme, soit environ 22 francs par sac, alors que sous l'empire de la taxe il était seulement accordé 11 à 12 francs pour tous frais et bénéfices.

Nous n'insistons pas sur ces chiffres qui ont leur éloquence, et nous indiquons plus loin quelle sera la réduction apportée par la meunerie-boulangerie au plus grand bénéfice des consommateurs.

V

LA MEUNERIE DE L'APPROVISIONNEMENT DE PARIS

Nous avons dit que la boulangerie de Paris ne devait pas être seule responsable des causes qui ont amené la cherté du pain; nous nous sentons d'autant mieux disposé à venir plaider quelques circonstances atténuantes en sa faveur, que nous savons qu'elle n'a pas profité des millions prélevés sans compensation sur les consommateurs depuis le décret de 1863.

Nous croyons, au contraire, cette industrie plus besoigneuse qu'elle n'était à la veille de ce décret, alors que la taxe existait.

Les traces de cet état précaire se révèlent d'ailleurs par les efforts souvent impuissants qu'elle fait chaque jour pour échapper aux conséquences de sa mauvaise organisation.

Placée, comme on dit, entre l'enclume et le marteau, entre la situation économique vicieuse qu'elle a inconsciemment réalisée contre elle en se multipliant outre mesure, et la meunerie *dite à l'anglaise,* qui lui a imposé des produits très-souvent défectueux comme qualité, et que celle-ci est obligée de lui vendre de plus en plus cher, parce qu'elle augmente chaque jour ses frais généraux, la boulangerie, pour vivre, a été obligée de se réfugier dans la fabrication du pain de poids léger et de luxe, qu'elle vend de 25 à 40 0/0 plus cher que le pain du poids de 2 kilog. (1). Elle a aussi empiété sur l'industrie de la pâtisserie.

Mais si cette ressource a pu alléger sa situation dans les quartiers riches de Paris et la rendre meilleure, il n'en a pas été ainsi des boulangers qui vendent la généralité de leur production au poids, et cette catégorie est de beaucoup la plus nombreuse et la plus intéressante pour nous.

C'est de celle-ci que nous devons nous occuper, parce qu'elle fournit au consommateur qui nous occupe tout particulièrement.

N'ayant pas la ressource du pain vendu cher, ces boulangers ont souvent recours à des mélanges de farines de deuxième qualité, ou à une cuisson imparfaite, pour obtenir, par ce moyen, le rendement en

---

(1) Nous avons souvent constaté qu'un pain vendu pour 1 kil. pesait 750 à 800 grammes, ce qui en augmente le prix de 25 à 30 0/0, et que des pains vendus pour 500 grammes (une livre) pesaient quelquefois 150 grammes de moins, c'est-à-dire 40 0/0 d'augmentation. Nous savons aussi que pour échapper aux mêmes conséquences, elle fait tous ses efforts pour amener le consommateur à n'acheter que le pain qui ne doit pas être pesé; c'est-à-dire que, pour engager à prendre ce pain, elle ne soigne plus autant la fabrication du pain au poids qui souvent manque de cuisson.

poids qu'ils devraient trouver dans la qualité des farines; c'est ici que nous rencontrons le meunier de l'approvisionnement de Paris, et que nous disons, sans crainte de nous tromper, qu'il doit porter sa part de responsabilité de la hausse croissante des frais de transformation du blé en pain, et par conséquent de la hausse du prix du pain.

La meunerie, suivant nous, a manqué à sa mission sous deux rapports différents.

Elle devait concourir, avec le boulanger, à produire de beau et surtout de bon pain, et elle devait encore se préoccuper de le produire à meilleur marché. C'est à ces conditions seules qu'elle peut oser dire qu'elle a réalisé le progrès, surtout quand il s'agit de la denrée alimentaire la plus essentielle et la plus indispensable de toutes. Qu'a-t-elle fait?

1° *En ce qui concerne la qualité du pain.*

Sans se préoccuper des intérêts de la boulangerie qu'elle aura bientôt ruinée (ce dont elle s'aperçoit déjà), elle a sacrifié toutes les conditions qui devaient constituer la qualité du bon pain nutritif et hygiénique à la préoccupation secondaire et dangereuse pour l'alimentation publique de faire un pain d'un blanc douteux, quand il n'est pas gris, au lieu de produire la couleur blanc jaune doré qui est la couleur naturelle du blé. Elle a fait une farine sans corps, sans saveur, dans laquelle les principes nutritifs existent à peine, et tout cela pour arriver à présenter au commerce une farine d'apparence blanche qui n'offre pas de piqûres à l'œil le plus exercé.

Et c'est en atteignant ce but que la meunerie croit avoir réalisé le progrès! Triste progrès, cependant, dont le résultat, en déterminant un défaut de rendement en pain, enlèverait chaque année des millions d'hectolitres de blé à la consommation s'il se généralisait (1). Triste progrès, celui qui oblige le consommateur, dont le pain est la principale nourriture, à en manger une plus grande quantité pour se substanter (2), car ce pain ne renferme plus qu'une partie des qualités nutritives, les autres ayant été sacrifiées à la même préoccupation de produire des farines d'un aspect blanc et sans piqûres, ce qui est obtenu par des remoulages et blutages répétés, qui altèrent le gluten, c'est-à-dire la partie azotée, la seule qui soit nutritive.

---

(1) La différence du rendement en pain résultant de la bonne mouture ronde, *dite mouture à la française, est d'au moins* 6 0/0. Or, s'il faut 80,000,000 d'hectolitres de blé pour alimenter la France pendant un an, la nouvelle mouture ferait perdre 4,800,000 hectolitres à la consommation ou à l'exportation.

(2) Il est manifestement prouvé qu'un ouvrier de Paris qui travaille beaucoup a besoin de près de 2 kilog. de pain par jour pour réparer ses forces et que cette quantité pourrait être diminuée d'au moins 200 grammes, soit de 10 0/0, si les constituants du blé n'avaient pas été altérés dans leurs qualités nutritives. Or si l'ouvrier dont nous parlons, qui a payé son pain 75 centimes, en dépensait 10 0/0 en moins, il aurait donc économisé 7 centimes 1/2 en mangeant du pain plus savoureux et meilleur.

Dans sa préoccupation exclusive de faire des farines blanches, la meunerie à l'anglaise, si elle devait s'étendre et se perpétuer, menace encore de compromettre nos ressources alimentaires, en encourageant la culture des blés blancs en France.

Tous les agriculteurs sérieux, en effet, sont d'accord et répètent que cette espèce de blés est trop délicate pour résister aux rigueurs des hivers de notre pays, qu'ils produisent moins, et il a été constaté qu'ils manquent souvent.

Et pourtant, par une aberration que rien ne saurait expliquer, cette meunerie a été préconisée, encouragée; on lui a décerné des récompenses! A quel titre? Pour la blancheur et la finesse de ses farines qu'on sait être contraires aux qualités du pain ainsi qu'à l'intérêt général! Ne pourrait-on pas dire avec raison qu'elle a été récompensée pour avoir changé de *l'or en argent?*

2° *La meunerie est-elle constituée pour produire ses farines au meilleur marché possible?*

A cette question nous ne craignons pas de répondre non, et nous ajoutons que sa constitution actuelle, au point de vue économique, est aussi critiquable que celle de la boulangerie. Nous allons voir que, comme la boulangerie, la meunerie a multiplié ses frais en multipliant inutilement son matériel industriel dans des proportions dangereuses pour elle et pour les consommateurs, qui sont chargés, en résumé, de les payer.

Depuis vingt ans au moins nous avons observé attentivement le mouvement de transformation qui s'est opéré dans la meunerie; nous croyons cette période assez longue pour permettre d'en apprécier le caractère et les effets, au point de vue qui nous occupe, avec une certaine autorité.

Personne, nous le supposons, n'oserait soutenir qu'en 1855 le nombre des moulins en France était insuffisant pour fabriquer les farines nécessaires à l'alimentation de la population. Nous sommes certain de ne pas être contredit lorsque nous affirmons, au contraire, que notre industrie meunière, à cette époque, pouvait déjà exporter des farines, quand la récolte en blé lui permettait de le faire avec avantage.

Tout le monde sait aussi que si nous avons été quelquefois tributaires de l'étranger pour recevoir des farines, cela tenait à une autre cause qu'à l'insuffisance du matériel de la meunerie.

Que s'est-il cependant passé en 1855? Il s'est produit ce qui se produit toujours quand une industrie entre dans une voie prospère; l'attention se porte de ce côté, les capitaux attirés par les gros profits qu'on y faisait alors s'y jetèrent bientôt; on monta de grandes minoteries, à grands frais, à la place des vieux moulins, et, la science aidant, pour mieux utiliser les forces naturelles qui alors étaient presque seules chargées de la mouture des blés, on monta deux paires de meules sur une chute d'eau qui jusque-là n'en pouvait faire tourner qu'une seule, et une troisième pour utiliser toute la puissance accidentelle du cours d'eau.

Tous ces moulins nouveaux, par la perfection de leur outillage et la beauté du produit qui en résulta, eurent bientôt l'avantage sur les anciens; ils s'emparèrent de la fourniture des farines à la boulangerie.

La situation changea complétement de face. De simple agent de la boulangerie qu'il avait été jusque-là, le meunier en devint le maître et modifia dans son intérêt *seul* la fabrication des farines; la boulangerie devint sa tributaire, en attendant qu'elle fût son instrument (1).

On eut bientôt créé un nombre de paires de meules double de ce qu'il était en 1855. Mais, comme en même temps la prospérité du pays croissait, et avec elle aussi les habitudes du bien-être, on vit augmenter la consommation du pain qui se présentait à l'œil comme un aliment perfectionné et séduisant.

Cependant le mouvement de transformation des vieux moulins s'accélérant toujours, on commença à sentir que la production des farines était abondante; pendant la saison des eaux vives, elles se vendaient difficilement, tandis qu'à l'époque des eaux basses, on retrouvait les beaux prix de fabrication qui avaient déterminé leur création. Guidés par cette considération, les propriétaires ajoutèrent des forces motrices à vapeur à chaque chute d'eau pour profiter de ces

---

(1) On sait qu'à Paris un assez grand nombre de boulangeries appartiennent à des meuniers qui y font cuire leurs farines à façon par le boulanger.

avantages, sans se préoccuper des conséquences que cette détermination devait avoir dans un avenir plus ou moins éloigné.

En effet, cet exemple aussi fut bientôt suivi, et l'on peut avancer, sans crainte de se tromper, que si déjà la meilleure utilisation des chutes d'eau occupées par l'ancienne meunerie avait permis de doubler le nombre des paires de meules depuis 1855, l'addition des machines à vapeur à ces chutes d'eau pour obtenir les profits d'une marche régulière et continue du matériel créé, eut le même effet que si l'on avait encore augmenté ce nombre d'une quantité équivalente à celle qui existait avant 1855.

Nous supposons, pour arriver à cette conclusion, que la marche moyenne de ces moulins à eau était de 12 heures sur 24 pendant le cours de l'année.

Il y aurait donc aujourd'hui trois fois autant de paires de meules qu'en 1855, ou leur équivalent comme travail, pour alimenter la même population ou suffire à la même exportation.

Nous croyons cette conclusion d'autant plus acceptable, que depuis la même date il a encore été créé beaucoup de moulins ayant la vapeur comme unique moteur.

Les conséquences de cette situation se font sentir depuis longtemps déjà, car il est avéré aujourd'hui qu'à quelques rares exceptions près, la meunerie en général ne gagne plus d'argent *industriellement parlant*.

Ces exceptions, du reste, sont faciles à déterminer.

En localisant notre observation à cet égard sur la meunerie de l'approvisionnement de Paris, nous pouvons dire qu'à l'exception de quelques groupes de meuniers que le commerce a classés sous la dénomination des 8 *marques*, et de quelques marques supérieures qui ont su échapper aux conséquences rigoureuses et fatales qui ont frappé la généralité, en obtenant une plus-value marquée que la spéculation a pris l'habitude de respecter comme types, presque tous les autres meuniers, impuissants devant les conséquences d'une production disproportionnée avec les besoins réels, perdent de l'argent sur leur fabrication.

C'est certainement à cette cause qu'on doit attribuer le fatal entraînement de cette catégorie de producteurs vers la spéculation, pour y chercher les profits qu'ils trouvaient dans leur travail il y a quelques années encore.

Le meunier, aujourd'hui, n'est plus un industriel dans la vraie acception du mot, cherchant uniquement son profit dans l'amélioration de son produit, tant sous le rapport du prix que sous le rapport de la qualité; cette situation qu'il a eue, il ne l'a plus. Il est aujourd'hui enfermé dans un cercle vicieux.

En effet, pour vendre bon marché, une loi économique dit qu'il faut répartir les frais forcés sur la plus grande production, et nous venons de dire et de démontrer que si leur situation est devenue mauvaise, c'est qu'ils produisent déjà trop, et que, loin des consommateurs de leur produit, avec un matériel coûteux qui grève encore ce produit inutilement, ils sont obligés de vendre cher.

Comme le boulanger, qui a créé deux fois plus de fours qu'il n'était utile pour satisfaire à l'alimentation de Paris, le meunier aussi a créé deux fois plus de moulins qu'il n'était nécessaire.

Tous les deux n'ont pas mieux apprécié ce fait capital, que la farine, comme le pain, ont comme limite de leur production le nombre des consommateurs, et que, si le meunier particulièrement peut dire qu'il peut faire l'exportation de ses produits, il faudrait que les prix du blé en France le permissent toujours (*ce qui se voit rarement*), et cependant les frais de fabrication sont créés, et frappent la production d'une manière certaine et permanente.

D'un autre côté, le meunier d'aujourd'hui, plus spéculateur qu'industriel, se préoccupe peu des découvertes qui pourraient améliorer son industrie au point de vue de l'intérêt général. Il a suffisamment progressé quand il a obtenu la blancheur de ses farines par les moyens que l'on sait. Il pourra les présenter au marché sans piqûres, elles pourront entrer dans la spéculation ; là se borne sa préoccupation.

Si par hasard arrive à ses oreilles le bruit d'un grand progrès, c'est-à-dire l'amélioration du produit comme prix et comme qualité, sans en excepter celle qu'il recherche avant tout, *la blancheur*, il en est d'abord importuné, et, si ce progrès s'obtient par des moyens dont il n'a pas l'habitude de se servir, il se contente de le nier, car sa position ne lui permet pas toujours de pouvoir l'accepter et le mettre en pratique.

Le meunier spéculateur est la négation du progrès dans sa véritable acception.

Cette meunerie ne se préoccupe plus, comme autrefois, de ses affaires directes avec son acheteur naturel, *le boulanger;* elle ne le connaît plus, elle ne peut plus recevoir ses observations sur la qualité du produit, car les nécessités de sa situation l'ont forcé à se servir d'un intermédiaire qui exécute ses livraisons, moyennant commission, à un acheteur qui a souvent les mêmes raisons que lui pour choisir ce même intermédiaire; le boulanger reçoit la farine telle qu'on la lui livre, sans se préoccuper des résultats qui se produiront, et finalement le consommateur du pain sera toujours chargé de tous ces frais, et, par surcroît, il aura payé cher un produit qui manque souvent des qualités essentielles.

Si la farine est trop abondante sur le marché, on l'entasse dans des magasins *ad hoc ;* de là des séjours prolongés qui en altèrent encore la qualité en multipliant toujours les frais; de là aussi ce singulier et anormal résultat, que par moment les farines *dites de commerce* se vendent meilleur marché que le blé.

De là enfin cette multitude de raisons qui nous ont amené à dire que la condition actuelle de la meunerie qui alimente Paris est aussi vicieuse au point de vue économique que celle de la boulangerie et qu'il y a urgence, dans l'intérêt général, d'apporter à cette situation, qui ne peut que s'aggraver, un remède efficace.

La création à Paris de la meunerie-boulangerie seule, *en basant le prix du pain sur le prix du blé*, peut faire cesser les abus résultant de la spéculation sur les farines, car *seule*, par la concentration des deux industries dans une seule main et dans le même établissement, elle peut éviter les intermédiaires qui ont intérêt à cette spéculation, puisqu'elle achètera *le blé* entre les mains du cultivateur et qu'elle le livrera *comme pain* entre les mains du consommateur; dès lors plus de place à cette plaie du jour, à cette fièvre de jeu, qui n'a pas craint, pour s'exercer, de pénétrer sur le seul marché qu'elle devait respecter, *la halle aux Blés*.

Il nous reste à déterminer en chiffres la part contributive de la meunerie dans les frais qui grèvent chaque kilogramme de pain livré à la population de Paris.

Nous aurions voulu, à cet égard, nous entourer des documents officiels pour faire la base de notre appréciation; à leur défaut, nous nous sommes adressé à la notoriété, en consultant les hommes les plus honorables attachés à cette industrie, et, parmi ceux-ci, les plus compétents, pour savoir quels sont les frais comptés par la meunerie pour transformer 100 kilog. de blé en farine.

Il nous a été répondu qu'elle comptait 5 fr. 50 par gros sac de 157 kilog. farine blutée à 70 0/0.

Or, pour faire 157 kilog. de farine dans cette condition, qui est la condition générale des farines qui servent à faire le pain de grande consommation, il faut travailler 220 kilog. de blé qui coûtent 5 fr. 50 ou 2 fr. 50 par 100 kilog.

La meunerie de Paris, par sa méthode de fabrication, ne permet pas de retirer 100 kilog. de pain de 100 kilog. de blé, ce qui devrait être; elle travaille 106 kilog. de blé pour obtenir 100 kilog. de pain.

Pour la clarté de notre démonstration, nous disons cependant : si 100 kilog. de blé produisant 100 kilog. de pain coûtent au meunier 2 fr. 50, chaque kilogramme de pain est donc grevé de 2 fr. 50 divisés par 100 kilog. ou la somme de (0f025) 2 centimes 1/2 par kilogramme (1).

Le kilogramme de pain est donc grevé de 2 centimes 1/2 par le meunier, soit.	0f025
Nous avons démontré que par le boulanger il était déjà grevé de 0f115, soit. . . .	0 115
Total des frais par kilogramme. . . .	0f140

Les frais qui grèvent à Paris la transformation de 1 kilog. de blé en pain sont donc de (0 fr. 14)

---

(1) Si l'on ajoutait au compte du meunier ce qui lui appartient réellement dans la cause de l'augmentation du pain, on devrait le rendre responsable d'au moins 5 0/0 de rendement en pain que le boulanger obtient en moins par la mauvaise fabrication de ses farines, soit sur 40 centimes le kilogramme la somme de 2 centimes.

14 centimes. La taxe accordait avant 1863 à peine 7 centimes pour frais et bénéfices. C'est donc une augmentation de 7 centimes qui est supportée par les consommateurs aujourd'hui, ou l'équivalent d'une somme de 49,100 fr. 31 c. par jour, en multipliant ces 7 centimes par 701,433 kilog. de pain, nécessaires à l'alimentation de la population, c'est-à-dire près de 50,000 fr.

La meunerie-boulangerie pourrait laisser cette somme, chaque jour, entre les mains des consommateurs, en lui offrant de meilleur pain sous tous rapports.

VI

LA MEUNERIE-BOULANGERIE

En préconisant la création des meuneries-boulangeries comme le seul moyen d'abaisser le prix du pain dont la cherté est devenue générale en France et plus particulièrement à Paris depuis le décret de 1863, nous croyons être utile à tous et notamment aux classes nombreuses qui font du pain leur principal aliment.

Sans aucun doute, la centralisation des deux industries qui jusqu'à ce jour ont fait, l'une la farine, l'autre le pain, et leur transformation dans une nouvelle combinaison industrielle, devront, en se généralisant, causer un grand trouble dans les intérêts qui y sont engagés aujourd'hui; mais cette considération est-elle assez puissante pour primer celles que nous avons mises en évidence? nous ne le croyons pas.

Serait-il admissible, en effet, que pour ménager des intérêts particuliers, ceux de la meunerie, ceux de la boulangerie et de tous les intermédiaires qui ne sont pas absolument utiles entre celui qui produit le blé et celui qui consomme le pain, le consommateur, c'est-à-dire tout le monde, restât condamné à subir et payer les conséquences d'une mauvaise organisation économique?

A ce titre, il aurait fallu renoncer à l'emploi de la vapeur et des chemins de fer, parce qu'ils pouvaient menacer des intérêts préexistants, et peut-être les détruire.

Cependant si ces intérêts, respectables d'ailleurs, n'ont pas eu la puissance d'empêcher l'essor de ces grandes créations qui ont développé la prospérité générale, oserait-on prétendre qu'un progrès nouveau, intéressant tout le monde, devrait s'arrêter devant ces mêmes intérêts?

Le pain n'est-il pas un aliment de première nécessité qui s'impose à chacun et dont la privation ne peut être longtemps supportée? n'est-il pas, parmi les autres produits nécessaires à la vie, *le seul d'absolue nécessité?*

L'industrie qui le produit pourrait donc être envisagée comme méritant plus que toute autre les encouragements et le concours de tous, quand elle se propose et qu'elle peut, comme les grandes découvertes que nous venons de citer, contribuer pour une part à la prospérité générale, en diminuant, pour chacun, le prix de l'aliment consommé par tous sans exception.

Est-ce à dire pourtant que nous réclamions pour cette nouvelle industrie qui profite à l'intérêt général un privilége quelconque? Loin de nous une pareille pensée; nous sommes, au contraire, convaincu qu'elle ne peut et ne pourra produire les effets salutaires que nous avons indiqués et remédier au mal qu'avec la liberté et la libre concurrence.

A propos des mots liberté, libre concurrence, on ne manquera pas de nous demander si entre nos mains cette liberté sera mieux placée que dans celles qui s'en sont servies jusqu'à ce jour, et si la concentration des deux industries qui peut, tout d'abord, avoir comme résultat de faire baisser le prix du pain ne pourrait pas devenir un moyen de réaliser des profits exagérés, quand elle aura conquis la position occupée aujourd'hui par les deux autres.

Nous croyons indispensable de poser nous-mêmes cette question dès à présent, car nous savons déjà par expérience qu'elle surgira, et nous la posons avec d'autant plus de sécurité, que nous pouvons répondre, par des faits expérimentés depuis longtemps, que le danger qu'on cherchera à évoquer est purement imaginaire et ne peut être que le résultat d'une fausse appréciation des conséquences de la réforme économique que nous préconisons, quand on n'aura pas cet autre but de servir, par ce moyen, des intérêts privés au détriment de ceux de tout le monde.

En 1865, au lendemain de nos débuts dans l'industrie de meunerie-boulangerie, un ancien maire signala notre établissement comme le point de départ d'un danger public, par les motifs mêmes qui sont au fond de la question que nous venons de poser.

A cette époque, nous n'avions encore que quelques mois d'existence, nous nous défendîmes avec les seules armes que nous avions à notre disposition, par des arguments purement théoriques, parmi lesquels nous citerons le suivant :

« La liberté, disions-nous, porte avec elle son « correctif; si par l'abus qu'on en peut faire elle « permet de réaliser des profits exagérés, soyez sûr « qu'avec elle aussi viendra bientôt la concurrence « pour les partager. »

Nous ajoutions : « Vous avez prononcé le mot de « *monopole* : permettez-nous de vous dire qu'avec la « liberté commerciale ce mot n'a plus de sens, car qui « dit liberté dit concurrence, et que là où naît la « libre concurrence le monopole disparaît.

« Cette expression, ne pouvant s'allier avec le mot « *liberté*, doit être conservée pour le cas où, si vous « êtes écouté, nous devrons rentrer sous l'empire de « la réglementation du commerce de la boulangerie, « c'est-à-dire sous le joug du monopole. »

Aujourd'hui nous pouvons ajouter de nouveaux arguments à ceux que nous avions invoqués contre notre interlocuteur de 1865, et dire que la création des meuneries-boulangeries ne peut en aucun cas devenir un danger public, parce que l'intérêt de ceux qui les exploiteront sera toujours étroitement lié avec ceux du consommateur des produits.

En effet, celui qui se rend un compte exact des nécessités de ces créations industrielles comprendra qu'il est impossible d'y satisfaire sans être obligé d'engager des intérêts et des capitaux considérables, dont on devra couvrir les frais avant de pouvoir toucher des profits; or, comment arriver à ce résultat, sinon en répartissant ces frais sur une fabrication assez considérable pour les couvrir d'abord et faire des profits ensuite? L'industriel intelligent, pour arriver à ce but, verra bientôt que le seul moyen, c'est d'attirer et retenir le nombre des consommateurs par l'attrait du bon marché et de la qualité, ce qui nous fait dire que *l'intérêt du producteur est étroitement lié à celui du consommateur.*

Bien que nous croyions ces arguments de nature à tranquilliser chacun sur les inquiétudes que nous avons fait naître en posant la question, et que la réponse que nous venons de faire par avance nous paraisse suffisante pour les conjurer, nous sommes heureux de pouvoir ajouter des faits à notre connaissance personnelle, pour en démontrer la valeur sérieuse d'abord, et démontrer ensuite qu'il n'y a de danger à courir que pour l'industriel qui s'écarterait des principes que nous avons exposés en vendant son produit trop cher ou moins bon. Voici les faits :

Un établissement de ce genre fut créé en 1864, c'est-à-dire peu de temps après la liberté donnée à la boulangerie; jusqu'en 1871, la direction fut inspirée par la conviction que le succès ne pourrait être obtenu qu'en produisant bon et à bon marché.

Les résultats prouvèrent que cette direction était sage et rationnelle, en donnant une satisfaction légitime au consommateur comme au producteur.

L'exploitation changea de mains en 1871; la nouvelle direction, cédant à l'entraînement que la première avait combattu, perdit bientôt de vue les principes cités plus haut dont l'application rigoureuse avait fait le succès de cette création, à savoir : qu'il faut toujours répartir la somme des frais généraux fixes sur la plus grande production possible, pour abaisser le prix de revient et offrir le produit à un prix de plus en plus avantageux à l'acheteur, tout en continuant à rémunérer le producteur.

Elle augmenta le prix du pain, et, sans plus d'intelligence de ses intérêts que le boulanger dont nous avons parlé, il lui sembla plus facile de vendre cher que de tendre sans cesse à multiplier le nombre de ses consommateurs par l'attrait du bon marché.

Cette faute ne resta pas longtemps impunie : la concurrence, attirée par les gros et faciles profits réalisés, créa bientôt de nouveaux établissements entre lesquels se partagèrent les consommateurs, et comme ces nouveaux venus voulaient en attirer le plus possible, ils vendirent au-dessous du prix fixé par le premier établissement dont ils étaient les concurrents directs.

Ce fut ainsi que ce dernier, pour conserver sa clientèle, fut obligé de baisser ses prix au moment même où, cette clientèle diminuant, il aurait fallu au contraire vendre plus cher pour sauvegarder ses intérêts de producteur.

Nous n'avons pas à examiner ici quelle est la situation des divers concurrents, et s'ils font des profits; contentons-nous de tirer de ces faits l'argument que les lois de la libre concurrence s'imposent à cette industrie comme à toutes les autres, et constatons, en outre, ce résultat heureux de la création de la meunerie-boulangerie dans la ville dont nous parlons, que depuis 1864 le pain s'y est toujours vendu à meilleur marché que sur aucun autre point du territoire français, et que jusqu'en 1871 il s'y était vendu plusieurs centimes par kil. au-dessous de la taxe officieuse.

L'intérêt général en tous cas est satisfait, le consommateur en profite, et si les industriels n'y trouvent pas également leur compte, ils ne peuvent s'en prendre qu'à eux-mêmes de s'être écartés de la règle suivie jusqu'alors, qui était conforme aux vrais principes économiques, et nous concluons que si le meunier-boulanger peut quelquefois compromettre ses intérêts par une aberration de conduite ou de direction de cette nature, la preuve s'en fait contre lui seul et non contre l'industrie que nous préconisons.

Nous trouvons encore dans l'exemple que nous venons de citer un enseignement utile à ceux qui, entrant dans la voie que nous indiquons, seraient tentés de réaliser des bénéfices que nous ne craindrons pas de taxer d'illégitimes quand ils perdront de vue la part que le consommateur doit trouver dans cette réforme, attendu qu'il est le seul indispensable pour la réaliser.

Si cependant une coalition monstrueuse tentait de se former sur un point quelconque, si surtout elle avait la prétention de s'imposer à Paris, ce qui pour nous est impossible, nous conseillerions aux municipalités de se servir de l'arme laissée entre leurs mains par le décret du 22 juin 1863, qui ne leur a pas enlevé le droit de revenir à la taxe. (*Circulaire du ministre de l'agriculture et du commerce aux préfets en date du 22 août* 1863.)

Dans ce cas, qui suppose qu'à la place des deux industries actuelles opérant séparément, la nouvelle industrie se sera emparée de l'alimentation générale, cette dernière, avec son organisation industrielle économique, aurait encore en ce très-sérieux avantage, au point de vue de l'intérêt général, de permettre aux municipalités de revenir purement et simplement à la loi de 1791 (1) pour fixer le prix du pain, et en même temps de l'établir d'après le prix du blé, au lieu de le taxer sur le prix des farines que tant de circonstances rendent si variables, sans causes légitimes souvent.

Ces nouvelles créations, en diminuant le nombre des intermédiaires inutiles, auront encore, et par cela même, le grand mérite de diminuer les causes de la spéculation et de restituer à l'intéret général les forces qui s'y consument au profit de quelques-uns ; et nous ajoutons que, loin d'être un danger public, les meuneries-boulangeries, dans les cas de récoltes insuffi-

---

(1) On n'a pas perdu de vue que la boulangerie actuelle ne pourrait plus supporter ce régime qui lui allouait 11 à 12 fr. par sac de farine, puisque aujourd'hui elle peut à peine vivre avec 22 fr. On doit donc reconnaître qu'en ce cas extrême, la meunerie-boulangerie qui se contenterait des 11 fr. pour frais et bénéfices aurait rendu un immense service aux consommateurs en abaissant les frais de fabrication de 11 fr. par sac au moins par son organisation.

santes, pourraient rendre d'immenses services aux populations, en achetant au dehors et avec prudence les blés nécessaires à leur fabrication.

Il faut donc reconnaître qu'à tous les points de vue cette réforme répond à toutes les préoccupations, à toutes les nécessités, qu'elle est féconde en conséquences de toutes sortes au profit de l'intérêt public, et que, moins que toute autre industrie, elle peut abuser de la liberté sans risquer d'en être la première victime, car, en effet, plus que toute autre, elle fonctionne sous les yeux des consommateurs de son produit, qui l'apprécient chaque jour et qui peuvent chaque jour aussi en faire la critique librement, sûrement, et finalement acheter chez celui qui fournira le plus beau pain au meilleur marché.

De là la concurrence, et ce qui nous fait dire, avec plus de raison que ceux qui chercheraient à présenter cette réforme comme un danger public, que la sauvegarde des intérêts de tous est mieux placée sous l'égide de la liberté que sous le régime suranné qui nous ramènerait à la taxe du pain.

La ville de Paris, qui nous occupe aujourd'hui, aurait-elle moins l'intelligence de ses véritables intérêts que les quelques villes de province qui ont suivi l'exemple que nous avons donné à Rennes? Nous ne pourrions le croire; n'est-elle pas au contraire, comme nous l'avons dit, la ville du progrès et par conséquent celle qui comprendra mieux la réforme que nous avons mise en pratique et que douze années d'expérience ont sanctionnée?

Voulût-elle, d'ailleurs, revenir à la réglementation, qu'elle se trouverait en présence de difficultés redoutables.

Il faudrait ramener le nombre des boulangers à celui qui existait en 1862; il faudrait conséquemment racheter les 557 fonds de boulangerie et les 642 dépôts de vente qui ont été créés depuis. Lesquels seraient supprimés? lesquels seraient conservés? Que d'intérêts en jeu difficiles à satisfaire! que de questions soulevées difficiles à résoudre! Serait-elle décidée à entrer dans cette voie, où elle rencontrerait, en même temps que la série des difficultés que nous indiquons, une dépense considérable à faire? Nous avons trop de confiance dans son administration pour le supposer un seul instant; elle laissera ce soin à la libre concurrence, et elle aura raison.

La liberté donnée à la boulangerie en 1863 a été certainement la cause du mal que nous avons signalé; gardons-nous bien cependant de le regretter, et disons que, si cette industrie ne comprit la liberté que pour en abuser, cette même liberté aura bientôt amélioré la situation en démontrant, par l'excès du mal fait en son nom, l'urgence du remède que nous proposons.

C'est ainsi que la nécessité des meuneries-boulangeries à Paris aura été démontrée par la boulangerie elle-même.

VII

Il nous reste à dire pourquoi la meunerie-boulangerie peut seule réaliser le progrès en comparant sa constitution avec celles des deux industries opérant séparément.

Nôtre intention n'est pas de fatiguer le lecteur en nous livrant à une étude comparative approfondie de cette question, mais il nous paraît indispensable, au moins, d'en donner les principales raisons.

Pour rendre la démonstration plus concluante, supposons une meunerie-boulangerie organisée pour produire une quantité de 12,000 kilog. de pain par jour.

Cette production, qui représente la consommation journalière de 25,000 à 28,000 habitants, ne peut paraître excessive, quand surtout nous affirmons que dans une ville de 50,000 âmes on a pu écouler régulièrement 6,000 kilog. de pain par jour, et que Paris et le département de la Seine, peuplés de 2,200,000 habitants, auraient besoin de 80 établissements produisant chacun 12,000 kilog. pour suffire à leur alimentation journalière.

La question est donc de savoir ce que coûte la fabrication de 12,000 kilog. de pain par la meunerie-boulangerie combinée, comparativement aux dépenses faites par les deux industries actuelles, agissant séparément, pour produire la même quantité.

Or nous savons qu'au rendement de 70 pour 100 en farine panifiable, suivant les usages de Paris, il faut travailler 132 quintaux de blé pour produire 12,000 kilog. de pain.

Nous avons vu que chaque quintal de blé coûte, par le meunier actuel, 2 fr. 50 de fabrication. On a donc 132 × 2 fr. 50 = ... 330 fr.

Nous savons aussi que chaque kilogramme de pain vendu est grevé, par le boulanger actuel, de (0,115) 11 centimes 1/2; on doit donc multiplier cette somme par 12,000 kilog.; on a 12,000 kilog. × 0,115 = ... 1,380

D'où un total de dépense, grevant actuellement la quantité de 12,000 kilog. de pain, qui s'élève à. . . . . 1,710 fr.

Si l'on divise cette somme de 1,710 francs par 12,000 kilog., on retrouve les 14 centimes de frais par kilogramme que nous avons constatés dans le cours de cet écrit.

Nous prétendons que la meunerie-boulangerie abaissera cette dépense de (0 fr. 07) 7 centimes par kilogramme de pain, soit de la somme de 12,000 kilog. × 0,07 = ... 840 fr.

Il restera donc de la somme de 1,710 francs dépensée par les deux industries actuelles celle de 870 francs qui représente les frais de transformation de 132 quintaux de blé en pain par la nouvelle industrie, au lieu de 1,710 francs.

Pour justifier cette prétention sans entraîner le lecteur à notre suite dans l'étude comparative des moyens employés par la nouvelle industrie, nous pouvons dire que la meunerie-boulangerie se contenterait des conditions faites au boulanger par la loi de 1791, conditions qu'il trouvait déjà onéreuses pour lui en 1862 (voir l'annexe B), et qui seraient certainement ruineuses aujourd'hui (1); et, pour le démontrer, nous allons appliquer les conditions de cette loi, c'est-à-dire la taxe, aux 12,000 kilog. de pain que produira notre meunerie-boulangerie.

On sait que la meunerie n'était pas taxée pour vendre la farine, et que la taxe accordait au boulanger pour frais et bénéfices une somme de 7 francs par quintal de farine pour la transformer en pain, ou 11 francs par sac de 157 kilog.

Or nous disons : il faut, pour faire 12,000 kilog. de pain, 132 quintaux de blé qui coûtent, par le meunier actuel, 2 fr. 50 par quintal, soit. . . 330 fr.

Les 132 quintaux de blé produisent 90 quintaux de farine pour le travail desquels le boulanger recevait, à raison de 7 francs par quintal, la somme de. . . 630

Total. . . . . 960 fr.

(1) On se rappelle qu'en 1862 il avait à peine 4 centimes de frais fixés par kilog. de pain, et qu'aujourd'hui ces frais se sont élevés à près de 8 centimes.

La réglementation d'après la loi accorderait donc pour transformer 132 quintaux de blé en pain une somme totale de. . . . . 960 fr.

Nous venons de dire que la nouvelle industrie ferait cette transformation pour la somme de. 870

Différence à son profit. . . . 90

Elle réaliserait donc une économie de 90 francs sur le régime de la taxe si elle était rétablie.

Donc la meunerie-boulangerie pourrait vendre son pain à meilleur marché qu'il n'était vendu par la boulangerie avant 1863, alors qu'elle n'avait cependant que 4 centimes par kilogramme de frais généraux fixes, tandis qu'aujourd'hui elle en a 8, plus 3 centimes 1/2 de frais de fabrication (1), c'est-à-dire qu'elle peut abaisser les frais de toutes sortes de 7 centimes par kilogramme.

Cette allégation, que la nouvelle industrie peut vendre son pain au-dessous de la taxe, est consignée dans un document publié en 1868 par la manutention civile de Rennes (voir l'annexe A), duquel il résulte que cette meunerie-boulangerie avait vendu, comparativement avec la taxe officieuse, son pain avec une différence moyenne de 3 centimes 1/4 par kilogramme au-dessous de cette taxe.

A Paris, on ne pourrait réaliser cette différence,

---

(1) Ces frais étant couverts par le prix des sons et issues qui les représentent comme valeur.

car tous les frais y sont plus élevés qu'en province.

Pour expliquer cette économie de 7 centimes par kilogramme de pain et ce que nous venons de dire, que la meunerie-boulangerie se contenterait des conditions de la taxe, il nous suffira de mettre en présence les frais généraux fixes d'une meunerie-boulangerie produisant 12,000 kilog. de pain par jour et les mêmes frais généraux fixes de la meunerie et des 25 boulangeries séparées produisant une égale quantité.

Nous disons 25 boulangeries, car nous savons déjà que la production moyenne de chaque boulangerie de Paris est de 480 kilog. de pain, d'où

$$480 \times 25 = 12{,}000 \text{ kilog.}$$

C'est ici le cas de rappeler ce que nous avons dit en débutant :

« Des meuneries-boulangeries, placées sous une « seule direction, agissant avec un seul et même « capital, avec un seul personnel, sans intermédiaires « inutiles et coûteux entre celui qui produit la farine « et celui qui la transforme en pain, pouvant profiter « de tous les progrès de la science en utilisant dans « son organisation industrielle les moyens les plus « économiques et les plus perfectionnés, résoudront « seules, dans l'expression la plus absolue, la produc- « tion à bon marché. »

Nous renvoyons le lecteur au tableau comparatif des frais généraux de la nouvelle industrie *avec ceux de même nature* de la meunerie et de la boulangerie actuelles opérant séparément comme aujourd'hui (voir annexe C).

Ce tableau comparatif des frais démontre que la nouvelle organisation industrielle économise par an, sur l'état actuel des choses, la somme énorme de 271,750 francs, sur la quantité de pain nécessaire à l'alimentation de 25,000 à 28,000 habitants, soit sur 12,000 kilog. de pain par jour.

Nous n'insisterons pas plus longtemps sur ce résultat, laissant au lecteur le soin d'en tirer pour nous la conséquence qui s'impose, et nous croyons qu'avec nous, il conviendra que nous n'avons rien exagéré en disant que nous pouvions vendre à meilleur marché, et pourquoi.

Nous ajoutons, avec non moins de vérité, quant aux frais de fabrication proprement dits, que nous pourrons les réduire notablement aussi, par l'emploi des moyens les plus perfectionnés, tant en meunerie qu'en boulangerie. Nous ne nous étendrons pas davantage sur ce côté du problème; nous affirmons toutefois que les économies apportées à la production de 12,000 kilog. seraient d'au moins 30 à 40 0/0 sur la fabrication actuelle.

Nous croyons avoir suffisamment démontré que la meunerie-boulangerie, par le jeu naturel de sa constitution économique, peut réaliser le bon marché du pain, sans avoir recours à des moyens empiriques; nous ajoutons pour terminer qu'elle réalisera la meilleure qualité.

En effet, son intérêt bien compris lui conseillera

toujours d'acheter les plus beaux et les meilleurs blés, attendu qu'elle en retirera tous les avantages à son profit. Elle fera en mouture une plus grande quantité de farine panifiable, et cette farine lui rendra par surplus un plus beau pain, en plus grande quantité.

Elle n'aura plus, comme la boulangerie actuelle, à craindre d'être trompée sur la qualité des farines, puisqu'elle les fabriquera pour elle, et le consommateur ne pourra plus être inquiet sur leur qualité, car elles seront toujours employées avant qu'elles aient eu le temps de s'avarier dans les docks ou magasins, où elles séjournent si longtemps quelquefois.

On peut donc avancer, sans pouvoir être contredit sérieusement, *que, seule, la meunerie-boulangerie peut livrer à bon marché un bon et beau pain, bien cuit, pesant son poids, et proprement servi,* car, à tous ces points de vue encore, elle sera organisée pour qu'il en soit ainsi.

Les avantages que nous venons de placer sous les yeux du lecteur sont certainement les plus importants; cependant d'autres considérations militent encore sérieusement en faveur de ces créations.

Nous revenons sur l'une d'elles qui nous a déjà occupé en parlant de la meunerie qui approvisionne Paris.

Nous avons dit *qu'en basant le prix du pain sur le prix du blé,* les meuneries-boulangeries, en se généralisant, feraient bientôt disparaître les intermédiaires inutiles qui ont pris position entre les producteurs et consommateurs, qui seuls sont intéressants; telle est notre conviction, basée sur la certitude qu'ils abandonneront bientôt un marché où ils ne trouveraient plus la base nécessaire à la spéculation — *la farine.*

La morale de ce côté y gagnerait, et tout à la fois aussi l'industriel sérieux.

Un autre côté de la réforme que nous proposons devra être apprécié comme un bienfait par une catégorie de travailleurs dont le sort est digne de fixer l'attention, nous voulons parler des ouvriers boulangers.

Si la fabrication du pain exige à tous égards plus de soins, et de propreté surtout, qu'il n'en est donné par l'industrie actuelle, les hommes qui exécutent ce travail méritent encore plus d'égards, et particulièrement d'avoir un air plus pur que celui qu'ils respirent dans ces espèces d'antres souterrains qu'on appelle *fournils.* L'humanité réclame aussi pour eux un travail plus facile et moins pénible que celui auquel ils sont assujettis.

Comme l'étude, le travail doit moraliser; mais pour cela, il faut qu'il soit sympathique à celui qui le fait, et encore qu'il ne soit pas excessif.

En rendant, par l'emploi du pétrissage mécanique, le travail du boulanger plus facile à supporter, en le plaçant pour exécuter ce travail dans un milieu où les conditions de propreté, d'hygiène et de salubrité seront scrupuleusement observées, la meunerie-boulangerie aura encore rendu un immense service.

D'un autre côté, quand, par la nature même des besoins qu'elle aura à satisfaire pour répondre aux exigences variées de sa nombreuse clientèle, elle sera obligée de régler la boulangerie en faisant travailler nuit et jour, la meunerie-boulangerie pourra encore améliorer le sort de cette catégorie d'ouvriers, qui aujourd'hui travaillent quand tout le monde dort et qui dorment quand tout le monde vit.

Elle pourra au moins restituer cette catégorie de travailleurs à la vie ordinaire pendant la moitié de son existence en alternant le travail de nuit par périodes égales avec celui de jour. Cette considération, que nous envisageons déjà comme un progrès immense au point de vue de l'homme isolé, devient une question de haute moralité, quand il est le chef d'une famille dont il est le tuteur et le guide; car il pourra, pendant la moitié de son temps, vivre avec sa famille et diriger ses enfants.

Nous terminons cet écrit. Avons-nous démontré, comme c'était notre but, que la réforme proposée mérite l'attention de tous ceux qui ont souci des intérêts du plus grand nombre? Nous serions heureux de pouvoir le penser, et nous l'espérons.

Nous avons, en tout cas, satisfait dans la mesure de nos forces à ce que nous avons considéré avant tout comme un devoir, en essayant de vulgariser ce que nous savons être un véritable progrès.

Ce progrès, en effet, n'est point la réalisation

d'une théorie plus ou moins ingénieuse, mais l'application des résultats de l'expérience consacrés par le temps et acceptés par l'opinion publique.

NOTE DE L'AUTEUR

Une ville affamée est une ville prise. Si, en 1871, Paris avait eu son alimentation assurée de bon pain nutritif et hygiénique par des meuneries-boulangeries fonctionnant dans ses murs, sa population aurait-elle souffert les privations qu'elle endura si stoïquement pour arriver finalement au traité de paix que l'on sait?

Nous nous arrêtons là, et laissons à d'autres le soin de penser et de dire ce qui aurait pu arriver si Paris, qui pouvait, avec les chemins de fer, emmagasiner en quelques jours des blés pour s'alimenter *pendant un an*, avait eu, créés à l'avance, les moyens d'en faire du pain.

Il faudrait un million de kilogrammes de blé par jour pour alimenter Paris.

ANNEXES

ANNEXE A

LA MANUTENTION CIVILE AU PUBLIC DE RENNES

Dans sa circulaire du 22 août, la Société qui dirige la manutention civile affirmait qu'elle avait vendu son pain à un prix inférieur à celui qu'aurait fixé l'ancienne taxe si elle avait été affichée comme autrefois.

Son devoir, devant l'accueil bienveillant qui a été fait par le public à ses affirmations, était de les prouver, et sa dignité par ailleurs lui en faisait une loi. En pareille matière, il ne peut y avoir de place que pour la vérité.

Conséquemment, elle a interrogé les chiffres officiels concernant la taxe dans l'intérieur de la Mairie ; et, les appliquant particulièrement à la période malheureuse résultant de la mauvaise récolte de 1867 pour les comparer aux siens, elle en a composé le tableau ci-après, dont l'éloquence sera saisie par chacun.

TABLEAU COMPARATIF

DATES.	TAXE OFFICIEUSE.	TAXE DE LA MANUTENTION.	DIFFÉRENCE POUR LA MANUTENTION.	DATES.	TAXE OFFICIEUSE.	TAXE DE LA MANUTENTION.	DIFFÉRENCE POUR LA MANUTENTION.
1867.	le kilo.	le kilo.		**1868.**	le kilo.	le kilo.	
JUILLET... 1re quinzaine.	40 c.	37 c. »	3 c. »	FÉVRIER. 1re quinzaine.	47 c.	43 c. 1/2	3 c. 1/2
2e —	41 c.	38 c. »	3 c. »	2e —	47 c.	45 c. 1/2	3 c. 1/2
AOUT.... 1re quinzaine.	42 c.	38 c. »	4 c. »	MARS.. 1re quinzaine	50 c.	48 c. »	2 c. »
2e —	42 c.	38 c. »	(Période de manque d'eau.) 4 c. »	2e —	50 c.	47 c. »	3 c. »
SEPTEMBRE. 1re quinzaine.	43 c.	38 c. »	6 c. »	AVRIL.. 1re quinzaine.	49 c.	47 c. »	2 c. »
2e —	43 c.	38 c. »	5 c. »	2e —	49 c.	47 c. »	2 c. »
OCTOBRE.. 1re quinzaine.	44 c.	38 c. »	6 c. »	MAI... 1re quinzaine.	49 c.	47 c. »	2 c. »
2e —	44 c.	40 c. »	4 c. »	2e —	48 c.	46 c. »	2 c. »
NOVEMBRE. 1re quinzaine.	45 c.	40 c. 1/2	4 c. 1/2	JUIN... 1re quinzaine.	47 c.	45 c. »	2 c. »
2e —	46 c.	43 c. 1/2	3 c. 1/2	2e —	46 c.	44 c. »	2 c. »
DÉCEMBRE. 1re quinzaine.	46 c.	42 c. »	3 c. »	JUILLET.. 1re quinzaine.	46 c.	44 c. »	2 c. »
2e —	46 c.	43 c. »	3 c. »	2e —	46 c.	42 c. 1/2	(Période de manque d'eau.) 3 c. 1/2
1868.				AOUT... 1re quinzaine.	45 c.	40 c. »	5 c. »
JANVIER... 1re quinzaine.	46 c.	43 c. »	3 c. »	2e —	40 c.	36 c. 1/2	3 c. 1/2
2e —	46 c.	43 c. »	3 c. »				

Moyenne des différences au profit de la manutention civile : 3 centimes 1/4 par kilo.

Rennes, 20 septembre 1868.

ANNEXE B

Nous avons emprunté à l'excellent ouvrage de M. J. P. Machet, publié en 1862 sous le titre LE PAIN MEILLEUR ET A MEILLEUR MARCHÉ, les considérations qui suivent, que nous recommandons à l'attention du lecteur.

La date de cette publication explique pourquoi l'auteur, avec lequel nous sommes en parfaite communauté d'idées quant à la nécessité qu'il exprimait alors d'apporter des réformes dans l'industrie qui alimentait Paris, n'arrivait pas aux mêmes conclusions que nous quant aux moyens d'exécution; car, obligé de respecter l'organisation des boulangers réglée par la loi qui déterminait leur nombre dans chaque ville, il ne pouvait conseiller la création des meuneries-boulangeries qui doit avoir pour résultat de diminuer ce nombre pour produire plus économiquement.

Aussi M. Machet, qui entrevoyait déjà la solution que nous proposons, fut-il obligé de borner ses conseils en les engageant à se grouper et à s'entendre pour monter dans différents quartiers de Paris de vastes établissements, munis de puissants moteurs et de tous les organes nécessaires pour y faire leurs farines avec les qualités qu'ils ne trouvaient plus dans celles qui leur étaient fournies par la meunerie, surtout au point de vue du rendement, qui est tout à la fois l'indice d'une meilleure qualité nutritive.

Ces conseils, qui ne furent pas écoutés, étaient déjà bien sages et auraient certainement amélioré la condition du boulanger à cette époque et celle des consommateurs aussi. La boulangerie aurait reconquis ainsi son ancienne situation d'être son meunier à elle-même, s'affranchissant du même coup de celui qui a contribué puissamment à sa mauvaise fortune et des intermédiaires spéculateurs, transporteurs et autres qui, depuis cette époque, sont intervenus entre elle et le meunier.

Les boulangers auraient pu acheter leurs blés directement, en faire de bonnes farines et les livrer comme pain aux consommateurs, qui en auraient profité.

Tels furent les conseils donnés par M. Machet en 1862 et qui ne furent pas suivis. Nous espérons que les nôtres, qui s'adressent plus directement aux véritables intéressés, les consommateurs, n'auront pas le même sort.

Ces considérations présentées par nous, nous laissons la parole à M. Machet pour dire combien la boulangerie avait de sujets de plainte contre la meunerie en 1862 et combien elle supportait difficilement la réglementation qu'on lui imposait à elle seule, quand elle aurait dû également être imposée à la meunerie.

CONSIDÉRATIONS. — PRESSION DE LA MEUNERIE SUR LA BOULANGERIE. — PLAINTES DE LA BOULANGERIE.

Mû par un sentiment d'ordre public et d'humanité, aidé de l'expérience acquise dans la pratique des deux industries de la meunerie et de la boulangerie; — pénétré de l'urgence qu'il y a de faire une réglementation nouvelle de la boulangerie pour établir un nouvel ordre de choses devenu une nécessité, nous avons dû considérer d'une part quelles sont les véritables conditions de la boulangerie et de la meunerie, et de l'autre quel est le but auquel il faut tendre pour avoir une juste idée du problème à résoudre.

Il consiste, à notre avis, à coordonner la forte unité de l'administration supérieure avec la boulangerie, avec le développement de la vie sociale, l'émancipation progressive de l'enseignement et des institutions municipales.

De son côté, la boulangerie déclare ne pouvoir rester plus longtemps comme elle est, placée entre l'enclume et le marteau, entre la meunerie qui exerce sur elle une influence fâcheuse et les règlements administratifs qui la régissent, qu'elle trouve trop exigeants; — et c'est pour elle une question de vie ou de mort d'être soumise à la pression exercée par la meunerie ou d'en être affranchie.

Ce que la boulangerie a proposé n'est pas un remède; — c'est un palliatif qui sert des intérêts particuliers seulement, et qui n'a rien de radical. Elle se plaint, elle déclare, dans plusieurs pétitions adressées à l'Empereur, les 5 et 23 mai 1860, — ne pouvoir plus résister aux flots qui la battent, aux charges qui l'écrasent. Elle sollicite une augmentation de prime, sans se préoccuper aucunement de l'intérêt des consommateurs, dont elle fait trop bon marché.

A cet égard, nous dirons :

Si les résultats de la boulangerie ne sont pas aussi satisfaisants pour elle qu'ils devraient l'être, ils ne sont pas meilleurs pour les consommateurs. La cause en est dans les farines de la meunerie de la nouvelle école qu'elle a trop préconisées, qui lui donnent un rendement et un pain défectueux, — mais non dans l'insuffisance de la prime que lui accordent les règlements en vigueur. Cette prime, qui est de 11 fr. par sac de farine de 157 kilog., est basée sur un rendement de 102 pains de 2 kilog., — soit de 130 0/0.

Ce chiffre de rendement n'est pas le rendement exact ; c'est le rendement minimum, — celui que donnent les farines établies dans les plus mauvaises conditions. L'administration, en acquiesçant à l'augmentation demandée, en suivant les errements actuels, se rendrait complice de cette aberration, — elle n'y consentira pas ; car, si la boulangerie, plus expérimentée, plus conservatrice des intérêts des consommateurs, avait exigé de la meunerie de bonnes farines rondes, — par le rendement supérieur que ces farines lui auraient constamment donné, elle aurait pu se contenter de cette prime de 11 francs, qui se trouverait portée à 14 ou 15 francs par suite d'un rendement de 106 pains et plus.

C'est donc dans un autre ordre d'idées qu'il nous a fallu chercher et que nous avons trouvé, pour la boulangerie, les moyens de lui donner satisfaction, parce qu'en même temps on servira les intérêts de la société trop compromis, et que la boulangerie compromet forcément encore chaque jour.

D'ailleurs, l'administration qui doit vouloir, conformément au désir exprimé par l'Empereur, constituer une boulangerie forte, puissante par ses ressources et ses moyens d'action, ne peut se prêter à des demi-mesures, à des palliatifs qui n'aideraient en rien la situation, et qu'elle sait être en opposition avec les intérêts généraux dont elle est la sauvegarde. Ce serait établir un précédent fâcheux en faveur d'un régime qui doit disparaître. Ce serait un contre-sens, — vouloir résoudre la question à l'envers; — encore une fois, l'administration n'y consentira pas.

N'y a-t-il pas lieu d'être surpris que des hommes intelligents, comme il en est dans la boulangerie, puissent penser que les choses doivent rester au point où elles en sont? Est-il sage, est-il prudent de s'accroupir ainsi dans une impasse, — de se confiner dans un talon d'écrevisse, quand il y a tant à faire avancer dans la question alimentaire? — Tout périclite autour d'eux, leur propre intérêt et l'intérêt majeur du public, bien plus important, et ils s'accommodent, au moyen d'une surtaxe imposée en leur faveur, d'un expédient qui fait vivre, côte à côte, ces industries avec les erreurs et les dangers de la situation qu'ils connaissent, — qu'ils déplorent, en accusant la meunerie d'en être la cause principale.

Passe pour se fourvoyer; — l'erreur est dans le lot de l'espèce humaine; — mais le moyen de retour ne doit pas être déserté. Persévérer dans un abus que chacun reconnaît, — c'est chose blâmable; l'Église prétend, dans un vieil axiome latin, que c'est *diabolique*.

De son côté, l'administration bien avertie, bien renseignée, se gardera bien, nous l'espérons, de justifier les attaques dont elle est diversement l'objet.

Il est incontestable qu'en laissant en dehors de la réglementation du pain, qu'elle a cru devoir imposer à la boulangerie, la part qui incombe à la meunerie; qu'en acceptant les produits de cette dernière tels qu'elle les fabrique, sans se préoccuper de la matière première, — le blé, — l'administration, involontairement sans doute, a sanctionné une erreur profonde, favorisé les abus qui en découlent, encouragé l'ambition de la meunerie spéculative et détruit, au préjudice de la boulangerie et des véritables intérêts généraux, l'expression de ce qui était une vérité, la suprématie, l'action dirigeante de la boulangerie qui, à bon droit, lui appartient dans la question du pain, tant à cause de ses rapports directs avec l'autorité et les consommateurs qu'à cause de la responsabilité morale et matérielle inhérente à cette profession.

Qu'importent, devant un programme aussi impérieusement indiqué par la nature même des choses, par l'expérience du passé et du présent, — qu'importent les hésitations, les retards, les mauvais vouloirs de ceux qui prétendent mettre une digue à ce qu'ils n'ont pas su prévoir? Empêchera-t-on la vérité d'être la vérité, un fait d'être un fait, une plainte de signifier un malaise? La société doit-elle se résigner à dépenser le plus clair de son budget alimentaire pour entretenir un foyer de déception qui l'abuse et la consume, — pour satisfaire un luxe insensé qui épuise ses plus précieuses ressources? ce qui fait qu'aujourd'hui ses inquiétudes sont d'autant plus grandes, qu'elle sait que le déficit qui peut résulter de la récolte dernière, sans parler de la récolte toujours très-problématique qui est en terre, — au sein de Dieu, — ne pourra guère se compenser par les économies et les réserves faites sur les années antérieures.

Nous sommes toujours, pour ainsi dire, aux expédients. Un retard de quinze jours dans les moissons suffit pour semer l'alarme et déterminer une hausse. N'est-ce pas un jeu dispendieux, puéril et indigne du degré de civilisation où nous sommes parvenus?

Il est temps, ce nous semble, que le gouvernement, que les esprits avancés, les professionnels intelligents, les savants, les amis de l'humanité se mettent à l'œuvre, et qu'au lieu de s'épuiser en efforts inutiles, en sacrifices de toutes sortes, pour conserver ou reconstituer un état de choses mortellement atteint, on cherche la seule voie de salut, — nous voulons dire celle qui conduit à la reconstitution de la boulangerie *forte* et *puissante*.

Si, par exemple, au lieu de s'attacher à ces règlements, à ces mesures boiteuses qui grèvent de frais supplémentaires et ne modifient rien, — que l'expérience a frappés d'impuissance; — à cette mystification de meunerie à l'anglaise, déjà vieille et depuis longtemps condamnée, — les hommes compétents, des praticiens intelligents et dévoués, secondés par l'administration, cherchaient, non pas si et comment on peut conserver ce qui est destiné à périr, mais comment il faut organiser le nouvel édifice alimentaire à Paris, qui, de là, s'étendrait dans les départements, — n'est-il pas évident que, par ce fait, bientôt suivi des établissements de réserve, le plus grand danger qui nous menace chaque année aurait disparu, et qu'un pas naissant aurait été fait dans la voie qui mène au progrès positif?

C'est alors qu'avec raison on pourrait décerner des médailles aux industriels économistes qui auraient su appliquer le progrès et le faire servir à l'économie sociale.

C'est en ce sens qu'il faut que la boulangerie comprenne sa mission, et qu'elle se pénètre bien qu'une industrie qui est appelée à fabriquer le produit principal, le plus indispensable de l'alimentation, doit rechercher tous les moyens à l'aide desquels elle peut réaliser l'économie dans le travail, afin de réduire les frais d'exploitation à leur simple dépense.

Elle doit résolûment repousser toute méthode qui l'immobilise dans la routine, — routine qui va contre l'économie et, plus dangereuse, qui porte atteinte aux qualités nutritives du pain.

La boulangerie ne peut rester stationnaire quand toutes les industries marchent et progressent; — quand l'agriculture, aidée, mouvementée par la généreuse initiative du chef de l'État, fait de nouveaux efforts couronnés par de nouveaux succès.

Il est temps de galvaniser ce vieux corps à moitié tombé en léthargie, de lui rendre la vie qui le déserte. Il faut enfin que la boulangerie, aidée de l'administration, comprenne que, dans la généreuse fonction qu'elle exerce, le progrès ne se fait pas avec le luxe et l'apparat. Le beau plâtrage ne constitue pas le bon pain. Désormais, qu'elle cherche autre part sa force et sa supériorité. Elle les retrouvera dans une vigoureuse et radicale rénovation de ses allures, de ses habitudes, de ses faux principes.

Un sage équilibre ne peut se produire qu'au moyen d'une sage pondération.

Nous ne saurions trop recommander à la boulangerie d'acquérir toute l'aptitude nécessaire pour savoir bien apprécier les diverses qualités du grain; la bonne ou mauvaise manière de moudre, la bonne ou mauvaise manière de procéder en panification, — afin de transmettre au pain toutes les qualités qui lui sont propres, — loin de toute adultération des farines, en dehors aussi de tous procédés artificiels, et cela dans l'intérêt bien entendu de la boulangerie et dans l'intérêt méritant, supérieur à tous les calculs particuliers, — dans l'intérêt général.

De la sorte, elle reprendra son ancienne initiative, — reluira de toute sa première considération, — ne laissant plus à la meunerie que son rôle relativement secondaire, qui est de procéder seulement aux moutures et dans les conditions qu'elle lui aura prescrites.

ANNEXE C

TABLEAU COMPARATIF

Ce tableau est basé sur une fabrication de 132 quintaux de blé transformés en 12,000 kilog. de pain par jour dans un établissement de meunerie-boulangerie situé dans l'intérieur de Paris.

Nous supposons, quant à la minoterie qui approvisionne Paris, qu'elle est située hors le département de la Seine, et qu'elle fera 132 quintaux par jour.

Nous rappelons aussi qu'il faut 25 boulangeries, faisant en moyenne 480 kilog. de pain, pour produire les 12,000 kilog. de pain par jour.

DÉTAIL DES FRAIS.	MEUNERIE-BOULANGERIE.	MEUNERIE ACTUELLE.	BOULANGERIE ACTUELLE.
Le capital de roulement nécessaire à une meunerie-boulangerie qui vend son pain comptant, sera suffisant en le limitant à un mois d'approvisionnement en blés et farines.			
Ainsi, le blé étant supposé à 25 fr. le quintal, il faudrait 4,000 quintaux ou la somme de 100,000 francs, à 5 0/0, ci.	5,000f		
Le capital de roulement nécessaire à la meunerie ordinaire, qui renouvelle son capital seulement tous les trois mois, est de 300,000 francs, à 5 0/0, ci.		15,000f	
A reporter.	5,000f	15,000f	» »

DÉTAIL DES FRAIS.	MEUNERIE-BOULANGERIE.	MEUNERIE ACTUELLE.	BOULANGERIE ACTUELLE.
Report.	5,000f	15,000f	» »
Le capital engagé dans les 25 fonds de boulangerie et fonds de roulement de chaçune est de 20,000 francs par boulangerie, soit 500,000 francs, à 5 0/0, ci.			25,000f
Pour la meunerie-boulangerie, administration, gérance, contrôle, comptabilité, frais de bureau, par an. . .	30,000f		
Pour la minoterie, hors Paris, y compris frais de vente à Paris, déplacements.		20,000f	
Pour les 25 boulangers, leurs familles et 25 bonnes (porteuses de pain); 5 personnes entretien de toutes sortes, 5,000f × 25 =.			125,000f
Capital employé dans la minoterie, machines et logements, 400,000 fr., à 7 1/2 0/0.	30,000f		
Même capital pour la minoterie hors Paris, moins 50,000 fr. pour le terrain, 350,000 fr., à 7 1/2 0/0, ci. .		26,250f	
Location à Paris de 25 boulangeries à 3,500 fr. l'une.			87,500f
Ce côté des dépenses de la boulangerie ordinaire est représenté dans l'organisation nouvelle par une dépense de 100,000 fr. pour les fours et magasins de vente, à 10 0/0 d'intérêt, ci.	10,000f		
Frais divers de la meunerie-boulangerie, impôts, patentes, assurances, amortissement, entretien et imprévus.	12,000f		
Frais de même nature de la minoterie hors Paris, y compris les pertes.		10,000f	
A reporter. . . .	87,000f	71,250f	237,500f

DÉTAIL DES FRAIS.	MEUNERIE-BOULANGERIE.	MEUNERIE ACTUELLE.	BOULANGERIE ACTUELLE.
Report.	87,000f	71,000f	237,500f
Frais de même nature pour chacune des boulangeries, en y comprenant les pertes, 2,000 fr. l'une × 25 =. . .			50,000f
Total de la meunerie-boulangerie.	87,000f	71,250f	287,500f

Total des frais fixes des deux industries actuelles.	358,750
Frais de même nature de la meunerie-boulangerie.	87,000
Différence ou économie par an sur les frais généraux fixes.	271,750

PARIS. TYPOGRAPHIE E. PLON ET Cie, RUE GARANCIÈRE, 8.

PARIS
TYPOGRAPHIE DE E. PLON ET Cie
Rue Garancière, 8.

www.ingramcontent.com/pod-product-compliance
Ingram Content Group UK Ltd.
Pitfield, Milton Keynes, MK11 3LW, UK
UKHW012055240726
13965UKWH00004B/1298